Brigitte Kirschning

Zauberhafte Perlenspielereien

Brigitte Kirschning

Zauberhafte Perlenspielereien

Blumen, Schmuck, kleine Geschenke

Augustus Verlag

Inhalt

Perlen – Faszination aller Länder und Völker

Schon früh griff der Mensch nach Schmuck und Zier; glitzernde Steinchen, perlmuttglänzende Muscheln, Tierzähne und -knochen, Bernstein und Schiefer – alles wurde auf Schnüre aufgereiht und zur Schau gestellt.

Später kamen Perlen dazu, als Zahlungsmittel, Gastgeschenk, Statussymbol. Im Laufe der Jahrhunderte, als sich die Glasmacherkunst entwickelte, traten Perlen in allen Formen und Größen den Siegeszug um die ganze Welt an. Bei vielen Völkern spielen Perlen noch heute eine große Rolle. Die afrikanischen Massai, verschiedene Indianerstämme, die Eskimos – sie alle haben eine hohe Kunstfertigkeit in der Perlenverarbeitung entwickelt.

Mein ganzes Leben lang konnte auch ich mich der Faszination, ja der geradezu magischen Anziehungskraft der Perlen nicht verschließen: Perlen weben oder fädeln, mit Perlen sticken, häkeln oder stricken, Perlen als Schmuckstück, Accessoire oder filigrane Dekoration. Aber vor allem Blumen, Blumen aus Perlen haben es mir angetan!

Natürlich sind Perlenblüten stets stilisiert, aber in der Gesamtwirkung sehr dekorativ und schön. Beim Anfertigen meiner Häkelblüten kam mir dann der Gedanke zu diesem Buch: Warum sollten nicht auch Perlen auf die konfektionierten Blütenstiele gesetzt werden können?

Versuchen Sie es: Ich bin sicher, diese Perlenspielereien machen Ihnen ebenso viel Spaß wie mir!

Ihre

Brigitte Kirsduing

Kleine Materialkunde

Perlen

Rocailles: kleine Glasperlen, transparent, opak oder gelüstert, teilweise auch mit Silbereinzug, neuerdings auch gestreift, verschiedene Größen (2,0 mm, 2,5 mm oder 2,6 mm Ø). Die kleinsten sind sogenannte Stickperlen.

Indianerperlen: größere Glasperlen (4,0 oder 4,5 mm Ø).

Glasstifte oder Röhrchenperlen: transparent oder opak, teilweise mit Silbereinzug, in verschiedenen Längen und Durchmessern (7 x 2 mm, 10 x 2,5 mm, 12 x 2,5 mm), auch »twisted« (= in sich gedreht) in vielen Größen und Farben.

Goldperlen, Silberperlen, Wachsperlen: in allen Größen und Formen (z.B. Olivperlen, Facettenperlen, Tropfenperlen, runde Perlen).

Holzperlen: poliert oder seidenmatt, in allen Farben und Größen (4 mm, 6 mm, 8 mm Ø), auch in anderen Formen (Holzlinsen, Holzrädchen, Würfelperlen, Holzoliven etc.).

Blütenscheiben aus Holz: in 9 mm und 12 mm Ø erhältlich.

Hamaperlen: walzenförmig, in verschiedenen Größen und Farben, hergestellt aus umweltfreundlichem PE Rohmaterial.

Werkzeug und Zubehör

Floristenband in Grün, Braun und Weiß

Messingdraht (0,3 oder 0,4 mm Ø), Silberdraht (0,25 mm Ø)

Perlonfaden (0,25 und 0,35 mm Ø)

Drahtschere, Rundzange, Seitenschneider, Schere

Perlennadeln, Stecknadeln, Stopfnadeln

Filzplatte oder eine andere feste Unterlage

Alleskleber

Anstecknadelrohlinge (oval oder mit Kralle), Holzklammern, Kettenverschlüsse

Blumenstiele, Kerzenkränze, Blumentöpfe, Deko-Blätter, Papiermanschetten

Knöpfe, Stoffreste, Karoband

100m
4,0kg
ø 0,30mm
Dekor-
Faden
Dekoration-
Thread
Decor-fils
Made in Western Germany

Grundtechnik

Allgemeine Tips zum Arbeiten mit Perlen

Verwenden Sie ein Stück Filz oder Samt als Unterlage; das gibt Festigkeit.

Bilden Sie stets nur kleine, farbig sortierte Perlenhäufchen.

»Picken« Sie beim Arbeiten mit Draht oder Nadel die einzelnen Perlen einfach auf, nur größere Perlen (wie z.B. Holzperlen) werden mit den Fingern auf die Nadel bzw. den Draht geschoben.

Vorsicht beim Entstehen von Knickstellen am Draht: sofort glätten!

Werden während der Arbeit die Drahtenden unansehnlich, können Sie sie kürzen. Deshalb sollten Sie immer reichlich Draht zuschneiden. Falls nicht anders angegeben, schneiden Sie am Anfang mindestens 1 m bis 1,50 m Draht für eine Blüte ab. Lieber zu viel als zu wenig! Anstückeln während der Arbeit ist meist nicht möglich.

Auch den Drahtanfang sollten Sie stets länger lassen, damit genügend Draht zum Verdrillen am Blütenstempel bleibt.

Verdrillen bedeutet, die Drahtenden miteinander zu verdrehen; dabei zeigt die Routine, daß man die Blüte und nicht den Draht dreht, mit dem Fingernagel dabei fest andrücken.

Verstechen bedeutet, die Drahtenden noch um einige Schlingen zu drehen oder durch Perlen zu schieben, damit sich die Perlen nicht mehr lösen können.

Grundtechniken für Perlenblüten

Grundtechnik A

Kontinuierliche Reihe aus aufgefädelten Perlen in verschiedenen Varianten. Arbeiten Sie die erste Blüte am Reihenanfang stets so, daß etwa 10 cm Draht am Anfang hängen bleiben (zum Verdrillen am Schluß). Die Anzahl der jeweils aufzufädelnden Perlen ist variabel und bei jedem Modell gesondert angegeben. Auch Kombinationen der einzelnen Varianten sind natürlich möglich. Für eine Blüte benötigen Sie Draht zwischen 70 cm und 1,50 m Länge. Schneiden Sie den Draht am Anfang lieber reichlich zu!

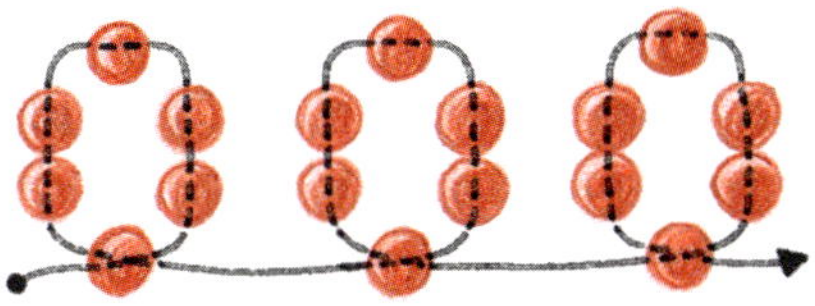

❶ Klassische Blattform

❷ Variante mit Pikot

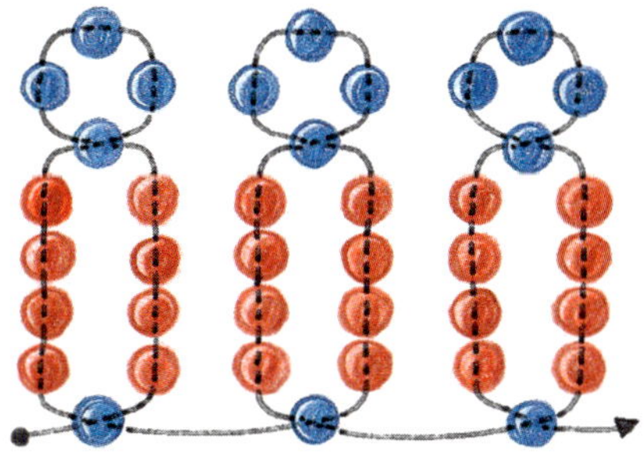

❸ Variante mit mehrteiligem Pikot (für das Pikot werden kleinere Perlen verwendet)

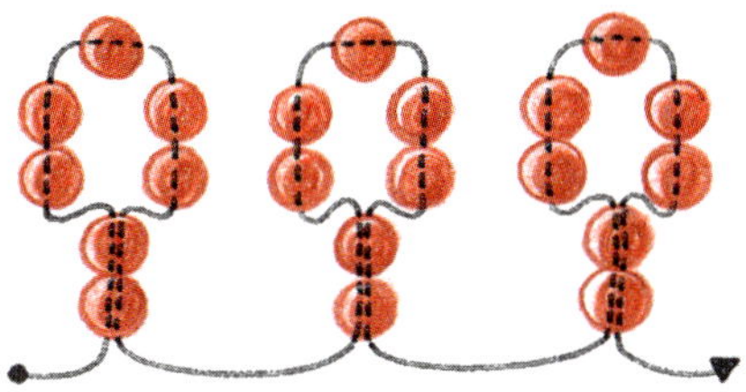

❹ Variante mit Perlenstiel

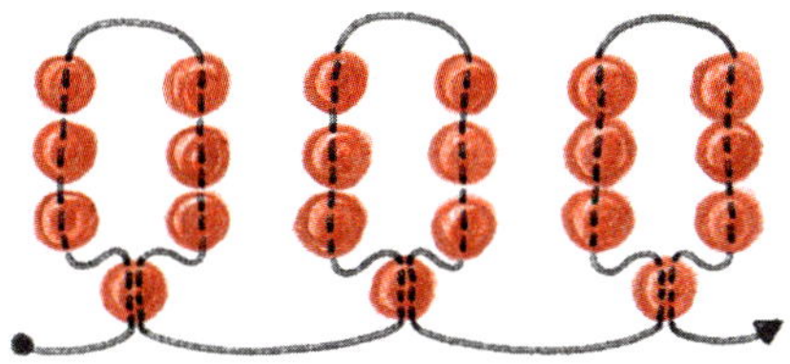

❺ Variante ohne Kopfperle (Abschluß mit zwei Perlen, die beiden Perlenreihen werden zum Schluß aneinander gedrückt)

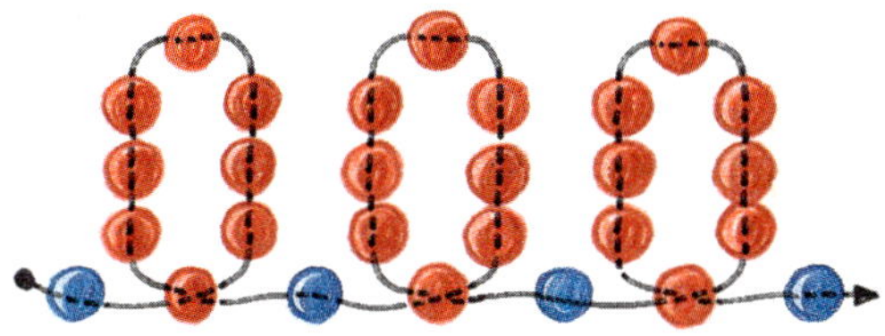

❻ Variante mit Zwischenperle (bei einer größeren Anzahl von Blütenblättchen)

Grundtechnik B

Drahttechnik im Gegenzug, d.h. Draht kreuzt sich innerhalb der Perlenreihe. Man beginnt hier in der Mitte des Drahtes und arbeitet mit beiden Drahtenden. Am Ende werden die beiden Drahtenden miteinander verdrillt. Zu- und Abnehmen ist möglich.

Die Anfangsperle bzw. -reihe wird in die Mitte des Drahts gefädelt, erst ab der 2. Reihe werden die Drähte gekreuzt.

Grundtechnik C

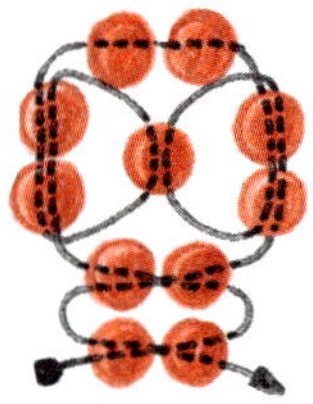

In dieser Technik arbeitet man mit Perlonfaden (Angelsehne) oder festem Garn. Für Draht ist diese Technik kaum geeignet. Ein langer Faden wird doppelseitig eingefädelt (Fadenstärke entsprechend der Perlengröße). Begonnen wird mit zwei Perlen, die auf die Mitte des Fadens gezogen werden. Auf den rechts liegenden Faden zieht man nun zwei Perlen der rechten Seite und dazu im anderen Farbton die Mittelperle und geht mit dem gleichen Faden nochmals durch die beiden Seitenperlen. Auf den links liegenden Faden fädelt man ebenfalls zwei Seitenperlen und zieht den Faden durch die jetzt schon vorhandene Mittelperle und anschließend durch die zwei Seitenperlen zurück. Jetzt auf den rechten Faden die zwei unteren Perlen des Blümchens auffädeln und dann den linken Faden ebenfalls durch die unteren zwei Perlen ziehen, so daß in den beiden Abschlußperlen des Blümchens beide Fäden sich kreuzen. Bei Beginn der nächsten Blüte kreuzt man erneut in zwei Perlen die Fäden und verfährt weiter nach diesem Schema.

Bei dieser Technik sollte man unbedingt auf einer festen Unterlage, z.B. einem Kissen oder ähnlichem arbeiten, denn die einzelnen Blüten müssen festgesteckt und damit in Form gehalten werden.

Montage der Perlenblüten

Die Blumenstiele erhalten Sie fertig konfektioniert im Fachhandel. Sie können aber auch von gekauften Seidenblumen die Blütenblätter entfernen und Ihre Perlenblume an deren Stelle setzen.

Ein Blumenstiel besteht aus Blütenstengel, Blüte, Blütenstempel und Blütenkelch. Zur Montage nehmen Sie alles auseinander. Die Perlenblüte ordnen (d.h. es darf nichts verdreht sein), mit beiden Drahtenden gegengleich um den Blütenstempel wickeln und untereinander verdrillen. Den Blütenkelch darüber ziehen und fest andrücken (eventuell auch ankleben). Blätter und Blütenblättchen korrekt biegen und die Blüte ordnen (evtl. Blüten etwas auseinanderbiegen, bei einigen Blüten auch zusammenbiegen).

Bei den Sonnenblumen hat der Blütenstempel einen so großen Durchmesser, daß hier beide Drahtenden nicht fest angezogen werden können. Sie müssen beidseitig locker liegen (etwa im Radius des Sonnenblumenstempels), ehe die Enden am Blütenstempel verdrillt werden. Den inneren Blütenstempel sollten Sie um den Draht herum mit Watte ausstopfen, nun Blütenkelch darüber setzen und ankleben.

Bunte Perlenblumen

Margarite

Grundtechnik A ❷

Material

- Holzperlen, weiß, 6 mm und 4 mm Ø
- Messingdraht, 0,3 mm Ø
- Blumenstiele

Ausführung

6 größere Perlen und 1 kleine Perle auffädeln, durch die 6. Perle zurückstechen, anziehen. 4 größere Perlen auffädeln und durch die 1. Perle zurückstechen.

Für eine Blüte 6 x wiederholen.

Kornblume

Grundtechnik A ❶

Material

- Holzperlen, blau, 6 mm Ø
- Messingdraht, 0,3 mm Ø
- Blumenstiele

Ausführung

8 Perlen auffädeln und durch die 1. Perle wieder zurückstechen, anziehen.

Für eine Blüte 6 x wiederholen.

Gerbera

Grundtechnik A ❷ + ❹

Material

- Holzperlen, weiß, orange, braun, pink, violett und gelb, 6 mm Ø
- Holzperlen, weiß, orange, pink und violett, 4 mm Ø
- Messingdraht, 0,3 mm Ø
- Blumenstiele

Ausführung

1 kleine Perle, 7 größere und wieder 1 kleine Perle auffädeln, durch die 7. größere Perle zurückstechen (= 1 Pikot). 5 größere Perlen auffädeln und durch die 1. größere und die 1. kleine Perle stechen.

Für eine Blüte 7 x wiederholen.

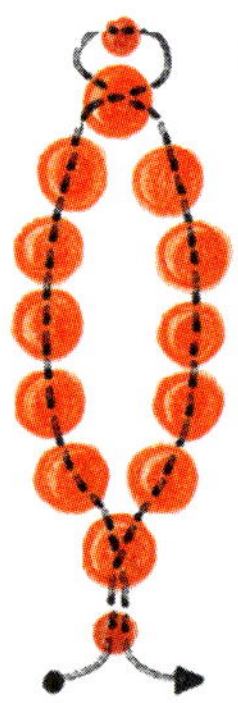

Die Gerberablüten können Sie in einer Farbe oder bunt arbeiten. Wenn Sie sich für eine Farbfolge entschieden haben, sollten Sie sie allerdings für alle Blätter einer Blüte beibehalten.

Weihnachtsstern

Grundtechnik A ❷

Material

- Rocailles, rot-transparent und weiß-opak, 2,5 mm Ø
- Goldene und silberne Perlen, 8 mm Ø
- Silberdraht, 0,25 mm Ø
- Blumenstiele

Ausführung

15 Perlen auffädeln und durch die 14. Perle zurückstechen. Dann 12 Perlen auffädeln und durch die 1. Perle zurückstechen. Für eine Blüte 7 x wiederholen.

Die goldene oder silberne Perle auf Draht fädeln und in der Mitte der Blüte ebenfalls auf dem Stiel montieren oder einkleben.

Rose

Grundtechnik A ❷

(Hier handelt es sich um eine Abwandlung der Grundtechnik A ❷, da doppelte Bögen gearbeitet werden, siehe auch »Mohn«, Seite 28.)

Material

- Rocailles, lila und rosa, mit Silbereinzug, 2,6 mm Ø
- Silberdraht, 0,25 mm Ø
- Blütenzweig

Ausführung

Blüte: 18 Perlen auffädeln und durch die 1. Perle zurückstechen. Dann 12 Perlen auffädeln, durch die 10. Perle des 1. Bogens (= obere Mitte) stechen, noch 1 Perle auffädeln und wieder durch die Perle in der oberen Mitte zurückstechen (= 1 Pikot). Nochmals 12 Perlen auffädeln und durch die 2. Perle des 1. Bogens stechen.

Für eine Blüte 4 x wiederholen.

Knospe: Hier besteht der 1. Bogen nur aus 14 Perlen. Für den 2. Bogen zweimal 9 Perlen auffädeln, dazwischen bildet 1 Perle wie gewohnt den Pikot.

Für eine Knospe 3 x wiederholen.

Klatschmohn

Grundtechnik A 1

Material

- Holzperlen, rot, 8 mm Ø
- Messingdraht, 0,3 mm Ø
- Blumenstiele
- Goldene Ähren

Ausführung

9 Perlen auffädeln und durch die 1. Perle zurückstechen, fest anziehen.

Für eine Blüte 5 x wiederholen.

Sonnenblumen

Grundtechnik A 6

Material

- Holzperlen, gelb, 4 mm, 6 mm und 8 mm Ø
- Holzperlen, rot und orange, 4 mm Ø
- Messingdraht, 0,3 mm Ø
- Sonnenblumen (Bei den Sonnenblumenstielen gibt es drei verschiedene Größen; ich empfehle die kleine oder die mittlere Größe zu verwenden.)

Ausführung

Kleine gelbe Sonnenblumen:
4 mittlere gelbe Perlen, 1 kleine und 3 mittlere Perlen auffädeln und durch die 1. Perle zurückstechen. Vor dem nächsten Blütenblatt 1 mittlere Zwischenperle auffädeln.

Für eine Blüte 9 x wiederholen.

Große gelbe Sonnenblumen:
2 mittlere Perlen, 2 große, 1 kleine, 2 große und 1 mittlere Perle auffädeln und durch die 1. Perle zurückstechen. Vor dem nächsten Blütenblatt 1 mittlere Zwischenperle auffädeln.

Für eine Blüte 12 x wiederholen.

Kleine rote / orange-rote Sonnenblumen:
7 rote Perlen (bzw. 2 rote, 4 orange-rote, 1 rote Perle) auffädeln und durch die 1. Perle zurückstechen. Vor dem nächsten Blütenblatt 1 rote Zwischenperle auffädeln.

Für eine Blüte 13 x wiederholen.

(Diese roten Blüten sind nach Grundtechnik A ❺ ohne Kopfperle gearbeitet.)

Tip

Wie Sie die Blüten auf den Stiel montieren, erfahren Sie auf Seite 10.

Sträuße, Töpfe, Kränze

Wiesenblumen

Grundtechnik A 1

Material

- Rocailles, rot, weiß, gelb und blau, 2,5 mm Ø
- Silberdraht, 0,25 mm Ø
- Blütensträußchen

Ausführung

15 Perlen auffädeln und durch die 1. Perle zurückstechen.

Für eine Blüte 6 x wiederholen.

Für die zweifarbigen Blüten werden statt der 15 gleichfarbigen Perlen 3 gelbe, 10 andersfarbige und wieder 2 gelbe Perlen aufgefädelt.

Primeln

Grundtechnik A 1

Material

- Rocailles, blau und rot, mit Silbereinzug, 2,5 mm Ø
- Silberdraht, 0,25 mm Ø
- Blütensträußchen
- Karierte Manschette

Ausführung

11 Perlen auffädeln und durch die 1. Perle zurückstechen.

Für eine Blüte 6 x wiederholen.

Biedermeier-Sträußchen

Grundtechnik A 1

Material

- Rocailles, weiß, lila, grau und hellblau, mit Silbereinzug, 2,0 mm Ø
- Silberdraht, 0,25 mm Ø
- Blütensträußchen
- Spitzenmanschette aus Papier

Ausführung

12 Perlen auffädeln und durch die 1. Perle zurückstechen.

Für eine Blüte 5 x wiederholen.

Gänseblümchen

Grundtechnik A ②

Material

- Holzperlen, weiß und rosa, 4 mm Ø
- Rocailles, weiß-opak und rosa mit Silbereinzug, 2,6 mm Ø
- Messingdraht, 0,3 mm Ø
- Silberdraht, 0,25 mm Ø

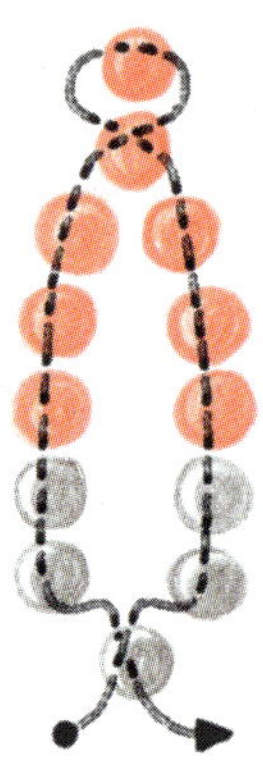

Ausführung

Gänseblümchen aus Holzperlen: Die Holzperlenblumen werden mit Messingdraht gearbeitet. 3 weiße und 5 rosafarbene Perlen auffädeln. Durch die 4. rosafarbene Perle zurückstechen (= Pikot). Nun 3 rosa und 2 weiße Perlen auffädeln und durch die 1. Perle zurückstechen.

Für eine Blüte 6 x wiederholen.

Gänseblümchen aus Rocailles: Diese Blumen werden mit Silberdraht gearbeitet. 5 weiße und 8 rosafarbene Perlen auffädeln. Durch die 7. rosafarbene Perle zurückstechen (= Pikot). Nun 6 rosa und 4 weiße Perlen auffädeln und durch die 1. Perle zurückstechen.

Für eine Blüte 8 x wiederholen.

Usambara-Veilchen

Grundtechnik A 1

Material

- Rocailles, blau, 2,0 mm Ø
- Silberdraht, 0,25 mm Ø
- Blumentopf mit Veilchen

Ausführung

15 Perlen auffädeln und durch die 1. Perle zurückstechen.

Für eine Blüte 5 x wiederholen. Blüten montieren und auf Stengel kleben.

Tip

Sollten die Blüten im Topf zu schwer werden, einzelne Stengel mit Silberdraht bündeln.

Sonnenblumen

Grundtechnik A 6

Material

- Holzperlen, rot, braun und gelb, 4 mm Ø
- Messingdraht, 0,3 mm Ø
- Blumentopf mit Sonnenblumen

Ausführung

Kleinere Sonnenblume:
17 Perlen auffädeln und durch die 1. Perle zurückstechen. Farbverteilung siehe Zeichnung unten links. Vor dem nächsten Blütenblatt 1 braune Zwischenperle auffädeln.

Für die Blüte 11 x wiederholen.

Große Sonnenblume:
21 Perlen auffädeln und durch die 1. Perle zurückstechen. Farbverteilung siehe Zeichnung unten rechts. Vor dem nächsten Blütenblatt 1 braune Zwischenperle auffädeln.
Für die Blüte 10 x wiederholen.

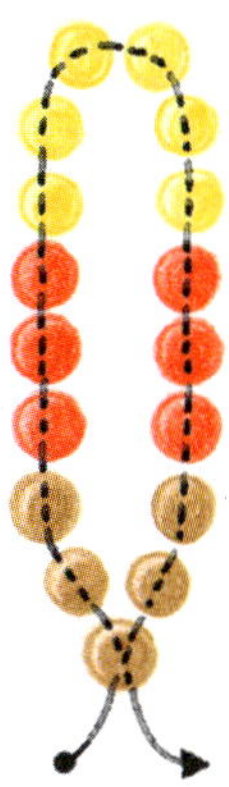

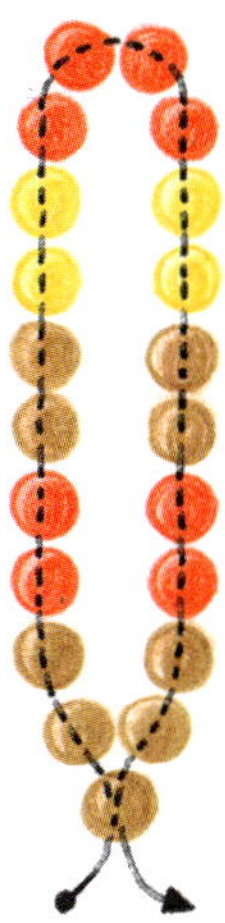

Tip

Wie Sie die Blüten auf den Stiel montieren, erfahren Sie auf Seite 10.

Vergißmeinnicht

Grundtechnik A 1

Material

- Rocailles, hellblau, 2,5 mm Ø
- Silberdraht, 0,25 mm Ø
- Kerzenring

Ausführung

18 Perlen auffädeln und durch die 1. Perle zurückstechen.
Für eine Blüte 7 x wiederholen.
Blütenblätter nach dem Montieren nach außen biegen.

Bunter Strauß

Grundtechnik A 1

Material

- Hama-Perlen, lila, rosa, lachs, gelb und blau, Größe »midi«
- Silberdraht, 0,25 mm Ø
- Blütenstiele
- Weiße Deko-Blütenzweige

Ausführung

8 Perlen auffädeln und durch die 1. Perle zurückstechen.

Für eine Blüte 6 x wiederholen.

Kornblume

Grundtechnik A 3

Material

- Rocailles, blau, 2,0 mm Ø
- Stiftperlen, blau, 7,0 mm lang
- Silberdraht, 0,25 mm Ø
- Kerzenring

Ausführung

4 Perlen, 1 Stiftperle, 5 Perlen auffädeln und durch die 2. der letzten 5 Perlen zurückstechen (= Pikot). 1 Perle, 1 Stiftperle, 3 Perlen auffädeln und durch die 1. Perle zurückstechen.

Für eine Blüte 10 x wiederholen.

Tip

Beim Montieren der Blüte auf dem Stempel dürfen die einzelnen Blütenblätter auch hintereinander zu liegen kommen.

Margarite

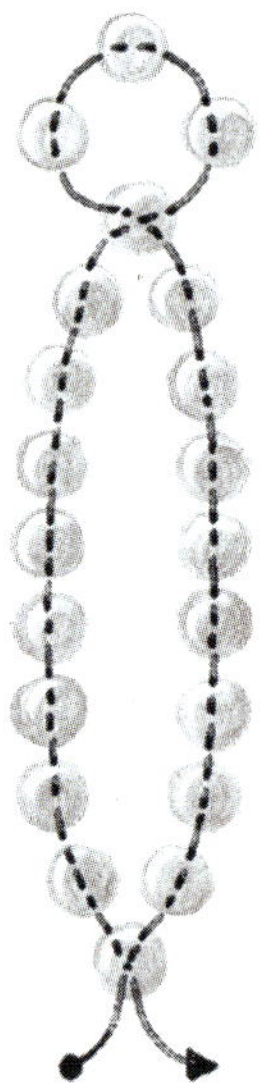

Grundtechnik A ❸

Material

- Rocailles, weiß, 2,0 mm Ø
- Silberdraht, 0,25 mm Ø
- Kerzenring

Ausführung

13 Perlen auffädeln und durch die 10. Perle zurückstechen (= Pikot). 8 Perlen auffädeln und durch die 1. Perle zurückstechen.

Für eine Blüte 10 x wiederholen.

Mohn

Grundtechnik A ❷
(Hier handelt es sich um eine Abwandlung der Grundtechnik A ❷, da doppelte Bögen gearbeitet werden, siehe auch »Rose«, Seite 15.)

Material

- Holzperlen, rot, 4 mm Ø
- Rocailles, rot, 2,0 mm Ø
- Silberdraht, 0,25 mm Ø
- 2 Kerzenringe

Ausführung

Mohn aus Holzperlen:
10 Perlen auffädeln und durch die 1. Perle zurückstechen. Dann 6 Perlen auffädeln, durch die 6. Perle des 1. Bogens stechen, noch 6 Perlen auffädeln und durch die 10. Perle des 1. Bogens stechen.

Für eine Blüte 4 x wiederholen.

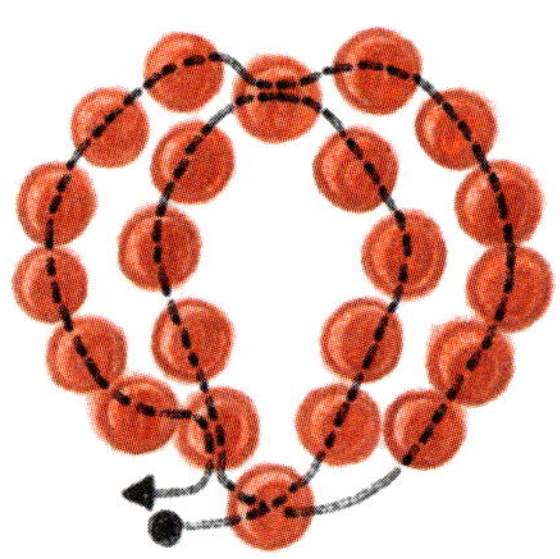

Mohn aus Rocailles:
20 Perlen auffädeln und durch die 1. Perle zurückstechen. Dann 12 Perlen auffädeln, durch die 10. Perle des 1. Bogens stechen, noch 12 Perlen auffädeln und durch die 20. Perle des 1. Bogens stechen.

Für eine Blüte 5 x wiederholen.

Sonnenhut

Grundtechnik A 1

Material

- Rocailles, gelb, 2,0 mm Ø
- Silberdraht, 0,25 mm Ø
- Kerzenring »Sonnenblume«

Ausführung

20 Perlen auffädeln und durch die 1. Perle zurückstechen. Für eine Blüte 12 x wiederholen.

Nach dem Montieren und eventuell Ankleben Perlenreihen zu schmalen Blättchen zusammendrücken.

Ringelblume

Grundtechnik A ①

Material

- Rocailles, gelb, orange und rot, 2 mm Ø
- Messingdraht, 0,3 mm Ø
- Kerzenring

Ausführung

22 Perlen auffädeln und durch die 1. Perle zurückstechen.

Für eine Blüte 5 x wiederholen.

Tip

In diesem Fall wirkt es auch gut, wenn Sie innerhalb einer Blüte die Farbe wechseln.

Accessoires im Landhausstil

Filigrane Anstecknadeln

(Abb. Seite 30/31)

Grundtechnik A ❶

Material

- Rocailles, blau, 2 mm Ø
- Rocailles, goldgelb, 2,5 mm Ø
- Rocailles, rot, 2,6 mm Ø
- Stiftperlen, goldgelb und blau
- Goldperlen, 6 mm Ø
- Messingdraht, 0,3 mm Ø
- Knöpfe
- Weiße und silberne Blättchen
- Floristenband, weiß
- Anstecknadeln

Ausführung

Rote Blüte: 12 Perlen auffädeln und durch die 1. Perle zurückstechen. Für eine Blüte 7 x wiederholen.

Gelbe Blüte: 2 Perlen, 1 Stiftperle, 10 Perlen, 1 Stiftperle und 1 Perle auffädeln, durch die 1. Perle zurückstechen. Für eine Blüte 7 x wiederholen.

Blaue Blüte: 2 Perlen, 1 Stiftperle, 12 Perlen, 1 Stiftperle und 1 Perle auffädeln, durch die 1. Perle zurückstechen.

Für eine Blüte 7 x wiederholen.

Goldperle auf ein Drahtende auffädeln. Blüten mit den Drahtenden an einem Knopf befestigen und verdrillen. Mit den Blättchen zusammenbinden und auf der Anstecknadel befestigen.

Tuchhalter

Grundtechnik B und A ❶

Material

- Holzperlen, grün, 6 mm Ø
- Holzperlen, blau, rot und weiß, 4 mm Ø
- Metall-Edelweiß
- Messing-Trachtenknopf
- Messingdraht, 0,3 mm Ø

Ausführung

Ring: Der Ring wird aus grünen Perlen nach Grundtechnik B gearbeitet. Am Anfang 4 Perlen auf den Draht fädeln und zur Mitte des Drahtes schieben. Durch 2 Perlen beide Drahtenden fädeln, d.h. die Drähte kreuzen sich innerhalb dieser beiden Perlen (= 1. und 2. Reihe). Wieder 2 Perlen auffädeln, Drähte darin kreuzen usw. So fortfahren, bis 12 Perlenreihen entstanden sind. Nun die Drahtenden in den beiden Anfangsperlen kreuzen und damit den Ring schließen. Die Drahtenden verstechen, d.h. noch durch einige Randdrähte und Perlen schlingen.
Sie können den Tuchhalter auch mit 3 Perlen pro Reihe arbeiten.

Blüte: Die Blüte wird aus den kleineren Perlen nach Grundtechnik A / 1. gearbeitet. Auf ca. 80 cm Draht 6 Perlen auffädeln und durch die 1. Perle zurückstechen. Straff anziehen.

Für eine Blüte 6 x wiederholen.

Anfang und Ende des Drahtes erst an Knopf oder Edelweiß befestigen und dann am Ring verdrillen.

Weihnachtssterne zum Anstecken

Grundtechnik B

Material

- Holzperlen, rot, grün, blau und weiß, 4 mm Ø
- Goldene Perlen, 4 mm Ø
- Blütenscheiben aus Holz, 9 mm Ø
- Messingdraht, 0,3 mm Ø
- Silberdraht, 0,25 mm Ø
- Floristenband, braun, grün und weiß
- Grüne Seidenblättchen
- Weiße Staubgefäße (Bastelhandel)
- 3 Anstecknadeln mit Kralle

Zeichnung I

Ausführung

Roter Weihnachtsstern mit Goldperlen: Diese Blumen werden mit Messingdraht gearbeitet. 5 rote Blütenblätter und 2 grüne Blättchen nach Zeichnungen I und II anfertigen.
Für die Staubgefäße je 3 Perlen in die Mitte eines kurzen Stück Drahtes schieben und miteinander verdrillen. Auf diese Weise 3 Staubgefäße herstellen. Die Blütenblätter um die Staubgefäße arrangieren. Mit braunem Floristenband umwickeln und die beiden grünen Blättchen mit einbinden. An einer Anstecknadel befestigen.

Da die Grundtechnik B eventuell noch Schwierigkeiten bereitet, hier nochmals eine genaue Anleitung, wie ein rotes Blütenblatt (nach Zeichnung I) gearbeitet wird:
3 Perlen auf den Draht fädeln und in die Mitte des Drahts schieben.
Durch die 2. und 3. Perle beide Drahtenden fädeln, d.h. die Drähte kreuzen sich innerhalb dieser beiden Perlen.
Nun die Drahtenden jeweils von beiden Seiten nacheinander durch 3, 4, 3, 2 und 1 Perle fädeln. Das ganze Blatt besteht also aus 16 Perlen.
Die Drahtenden verdrillen.

Roter Weihnachtsstern mit Blütenscheiben: Diese Blumen werden mit Silberdraht gearbeitet. 5 rote Blütenblätter nach Zeichnung III anfertigen.

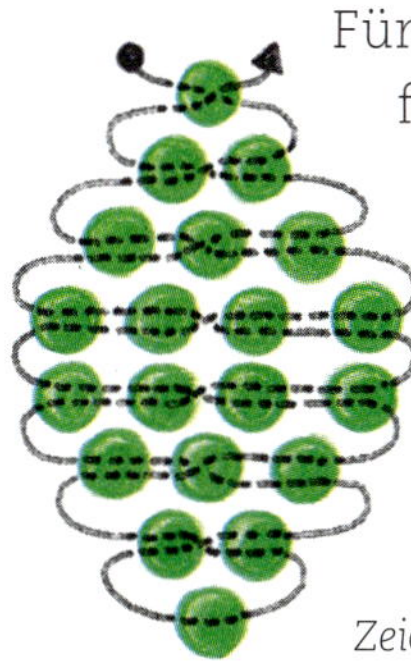

Zeichnung II

Für die Staubgefäße je 3 Perlen (rot, weiß oder blau) in die Mitte eines kurzen Stück

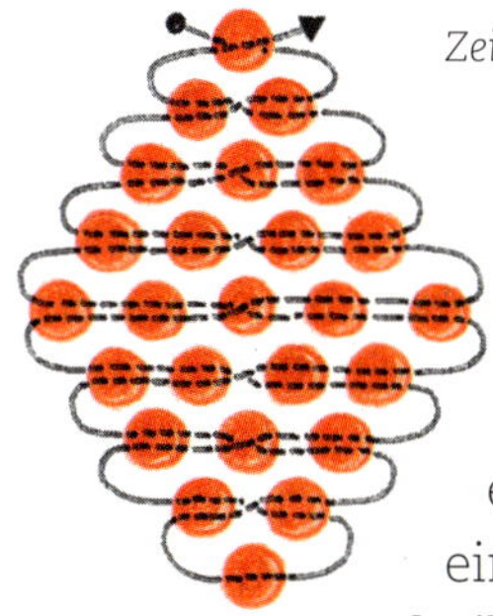

Zeichnung III

Drahtes schieben. Beide Drahtenden durch eine Blütenscheibe fädeln und auf ein Drahtende noch 1 grüne Perle schieben. Drahtenden miteinander verdrillen. Auf diese Weise 8 Staubgefäße herstellen.
Die Blütenblätter um die Staubgefäße arrangieren. Mit grünem Floristenband umwickeln und zwei Seidenblättchen mit einbinden. An einer Anstecknadel befestigen.

Weißer Weihnachtsstern: Diese Blumen werden mit Messingdraht gearbeitet. 6 weiße Blütenblätter genauso wie die grünen Blättchen am »Roten Weihnachtsstern mit Goldperlen« anfertigen (siehe Zeichnung II).
2 grüne Blättchen genauso wie die roten Blütenblätter des »Roten Weihnachtssterns mit Blütenscheiben« anfertigen (siehe Zeichnung III).
Die Blütenblätter um die weißen Staubgefäße arrangieren. Mit weißem Floristenband umwickeln und die beiden grünen Blättchen sowie zwei Seidenblättchen mit einbinden. An einer Anstecknadel befestigen.

Glasherz mit Edelweiß

Grundtechnik A 1

Material

- Holzperlen, rot, 4 mm Ø
- Glasherz
- Edelweiß-Knopf
- Messingdraht, 0,3 mm Ø
- Grüne Kordel

Ausführung

6 Perlen auffädeln und durch die 1. Perle zurückstechen.

Für eine Blüte 6 x wiederholen.

Anfang und Ende des Drahtes am Knopf befestigen und dann an der Aufhängeöse des Glasherzens verdrillen. Die Kordel als Aufhänger befestigen.

Holzperlen-Herzen

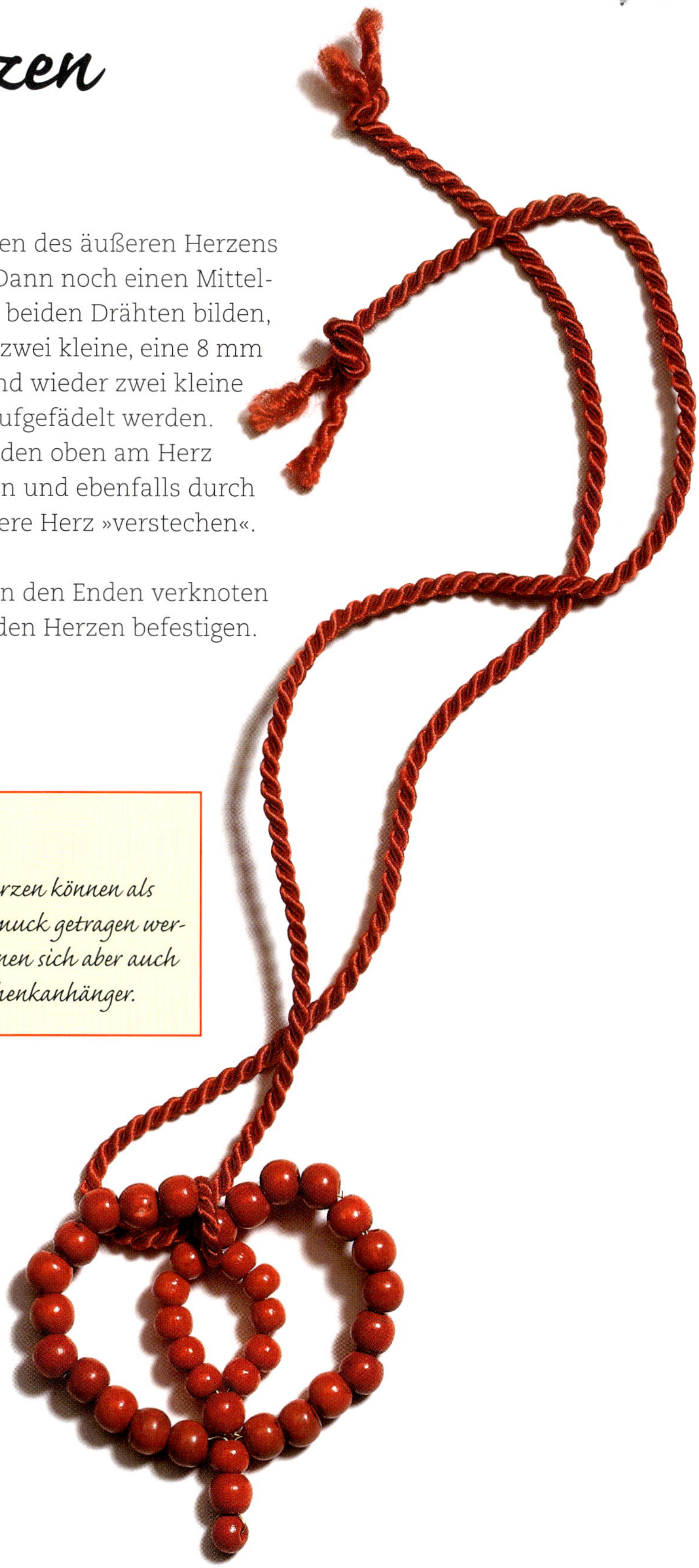

Material

- Holzperlen, rot und beige, 6 mm Ø
- Holzperlen, rot und grün, 4 mm Ø
- Holzperle, rot, 8 mm Ø
- Messingdraht, 0,3 mm Ø
- Rote Kordel

Ausführung

2 Perlen auffädeln, zur Mitte des Drahtes schieben und ein Drahtende durch die 1. Perle zurückfädeln. Drahtenden auseinanderbiegen und beidseitig 9 – 12 Perlen auffädeln. Beide Drahtenden durch eine letzte (eventuell andersfarbige) Perle zurückfädeln und zum Herz biegen.

Nun gibt es 2 Varianten:
1) Beidseitig auf die Drähte 4 Perlen fädeln und durch eine 5. (eventuell andersfarbige) Perle beide Drahtenden schieben. An der Spitze des Herzens verdrillen und beidseitig durch das große Herz »verstechen«.

2) Für das größere, rote Herz beidseitig auf die Drähte 8 kleine Perlen fädeln und Drahtenden durch die untersten beiden Perlen des äußeren Herzens fädeln. Dann noch einen Mittelsteg aus beiden Drähten bilden, auf den zwei kleine, eine 8 mm große und wieder zwei kleine Perlen aufgefädelt werden. Drahtenden oben am Herz verdrillen und ebenfalls durch das äußere Herz »verstechen«.

Kordel an den Enden verknoten und an den Herzen befestigen.

Tip

Diese Herzen können als Halsschmuck getragen werden, eignen sich aber auch als Geschenkanhänger.

Broschen

Material

- Ovale Broschennadeln, gold oder silber
- Stoffreste, kleingemustert
- Holzperlen, blau, rot und weiß, 4 mm Ø
- Silberne Perlen, 4 mm Ø
- Blütenscheiben aus Holz
- Kleine Knöpfe
- Messingdraht, 0,3 mm Ø

Ausführung

Broschengröße auf Stoff markieren. Knöpfe, Perlen und Blütenscheiben auf dem Stoff arrangieren und annähen. Stoff in die Brosche einsetzen.

Nach Wunsch Fransen oder Schleifen aus Perlen auf Draht auffädeln und am Rand der Brosche ankleben.

Ansteckschleife

Grundtechnik B

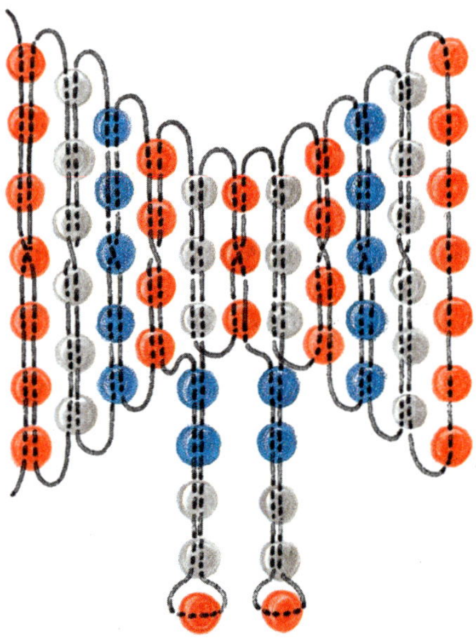

Material

- Holzperlen, blau, rot und weiß, 4 mm Ø
- Messingdraht, 0,3 mm Ø
- Anstecknadel

Ausführung

Am Anfang 7 rote Perlen auf den Draht fädeln und zur Mitte des Drahtes schieben. Durch 6 weiße Perlen beide Drahtenden fädeln, d.h. die Drähte kreuzen sich innerhalb dieser Perlen (= 1. und 2 Reihe). In Reihen nacheinander 5 blaue Perlen, 4 rote und 3 weiße Perlen auffädeln. Für das Schleifenband 2 blaue, 2 weiße auf beide Drahtenden, 1 rote Perle als Abschluß nur auf ein Drahtende auffädeln. Eine Reihe aus 3 roten Perlen in der Mitte arbeiten und die zweite Seite gegengleich beenden. Die Drahtenden verstechen, d. h. noch durch einige Randdrähte und Perlen schlingen. Schleife an der Nadel anbringen.

Schmetterlinge als Anstecknadeln

Grundtechnik B

Material

- Rocailles, gelb und rosa, 2,6 mm Ø
- Rocailles, weiß und rosa, 2 mm Ø
- Rocailles, gestreift rot/weiß und blau/weiß, 2,6 mm Ø
- Holzperlen, rot und weiß, 4 mm, 6 mm und 8 mm Ø
- Messingdraht, 0,3 mm Ø
- Restperlen aus alten Ketten
- Anstecknadeln

Ausführung

Der Schmetterling wird in drei Teilen gearbeitet: der Körper und jeder Flügel einzeln.

Körper: 8 bis 10 Perlen für Kopf und Körper auffädeln, dabei in jeder Perle die Drahtenden kreuzen. Für den Kopf eine etwas größere Perle wählen. Auf jedes Drahtende eine kleinere Perle auffädeln, in ca. 2 cm Entfernung zum Kopf festhalten und Draht zurück durch den Kopf und einige Körperglieder führen. Draht für die Fühler verdrillen.

Flügel: Nach der Grundtechnik B arbeiten. Auf ca. 80 cm Messingdraht 3 Perlen auffädeln und zur Mitte des Drahtes schieben. Durch 2 Perlen das 2. Drahtende fädeln, d.h. die Drähte kreuzen sich innerhalb dieser beiden Perlen (= 1. und 2. Reihe). 3 Perlen auffädeln, Drähte darin kreuzen, dann 4 Perlen auffädeln usw. bis 11 Perlen. Nun 22 Perlen auf einen der beiden Drähte fädeln, mit dem 2. Draht durch 11 Perlen zurückstechen. Nochmals 11 Perlen auffädeln und dabei wieder die Drähte kreuzen. Damit ist ein Flügel des Schmetterlings beendet. Den zweiten Flügel genauso arbeiten.

Die Drähte der beiden Flügel in der 4. und 9. Perle des Körpers kreuzen (damit werden die Flügel am Körper befestigt) und die Drähte »verstechen«, d.h. um die Drähte der Flügel schlingen. Auf der Anstecknadel befestigen.

Tip

Sie können diese Schmetterlinge beliebig variieren, indem Sie Perlenfarben und -größen bewußt einsetzen, z. B. indem Sie das Innere der Flügel heller gestalten oder eine größere Perle als Beginn setzen.

Schmetterlinge als Blumenstecker

Grundtechnik B

Material

- Holzperlen, hellgrün, dunkelgrün, weiß, natur, gelb und lila, 6 mm Ø
- Holzperlen, rot, blau, weiß, gelb und grün, 4 mm Ø
- Messingdraht, 0,3 mm Ø
- Runde Holzstäbe
- Karoband

Ausführung

Die Schmetterling werden genauso gearbeitet wie auf Seite 41 beschrieben.

Da die Perlen größer sind, müssen Sie für die Flügel weniger Reihen arbeiten, bei dem kleinen Schmetterling 6 Reihen, bei den großen Schmetterlingen gar nur 5 Reihen.

Die Drähte der beiden Flügel am Körper und gleichzeitig auch am Holzstab befestigen, eventuell ankleben. Eine Schleife aus Karoband umbinden.

Serviettenklammern

Grundtechnik A ❶ und A ❸

Material

- Rocailles, gestreift rot/weiß, blau/weiß und rot/weiß/blau, 2,6 mm Ø
- Messingdraht, 0,3 mm Ø
- Edelweiß-Knopf
- Künstliche Staubgefäße
- Kleine und große Holzklammern

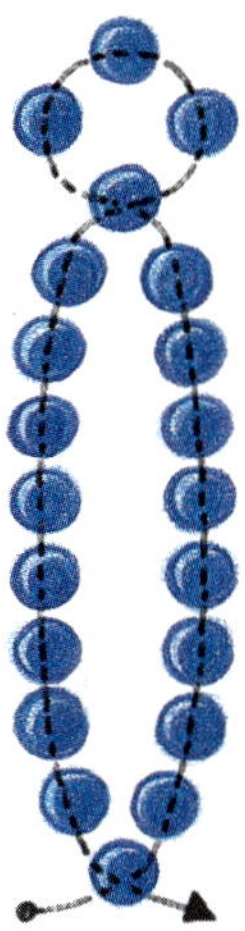

Ausführung

Kleine Klammern: 14 – 15 Perlen auffädeln und durch die 1. Perle zurückstechen. Für eine Blüte 5 x wiederholen. Drahtenden an einem Staubgefäß befestigen. Blüte auf der Klammer festkleben.

Große Klammer: Blütenblätter nach Grundtechnik A / 3. mit Pikot bestehend aus 3 Perlen arbeiten. 13 Perlen auffädeln, durch die 10. Perle zurückstechen. Dann nochmals 8 Perlen auffädeln und durch die 1. Perle zurückstechen. Für eine Blüte 9 x wiederholen. Drahtenden am Knopf befestigen und das Ganze auf der Klammer ankleben.

Blümchen-collier

Grundtechnik C

Material

- Rocailles, schwarz, gelb, rot, grün und hellblau, 2,0 mm Ø
- Perlonfaden, 0,25 mm Ø
- 2 Perlennadeln
- Kettenverschluß

Ausführung

Siehe unter »Freundschaftsbänder und Haarspangen«

Man fertigt zunächst eine einfache Halskette (die innerste) aus Blüten- und Perlensträngen und bringt den Verschluß an. Anschließend die 3 einzelnen Kettchenabschnitte anfertigen und an der Halskette anschlingen. Zum Schluß arbeitet man die 5 Blütenbänder am untersten Halsband.

Sie sollten auf einem Kissen oder etwas Ähnlichem als Unterlage arbeiten, denn das Feststecken der fertigen Blütenabschnitte ist wichtig.

Tip

Die Form dieser Kette stammt vom Anfang des 20. Jahrhunderts – und ist heute noch modern!

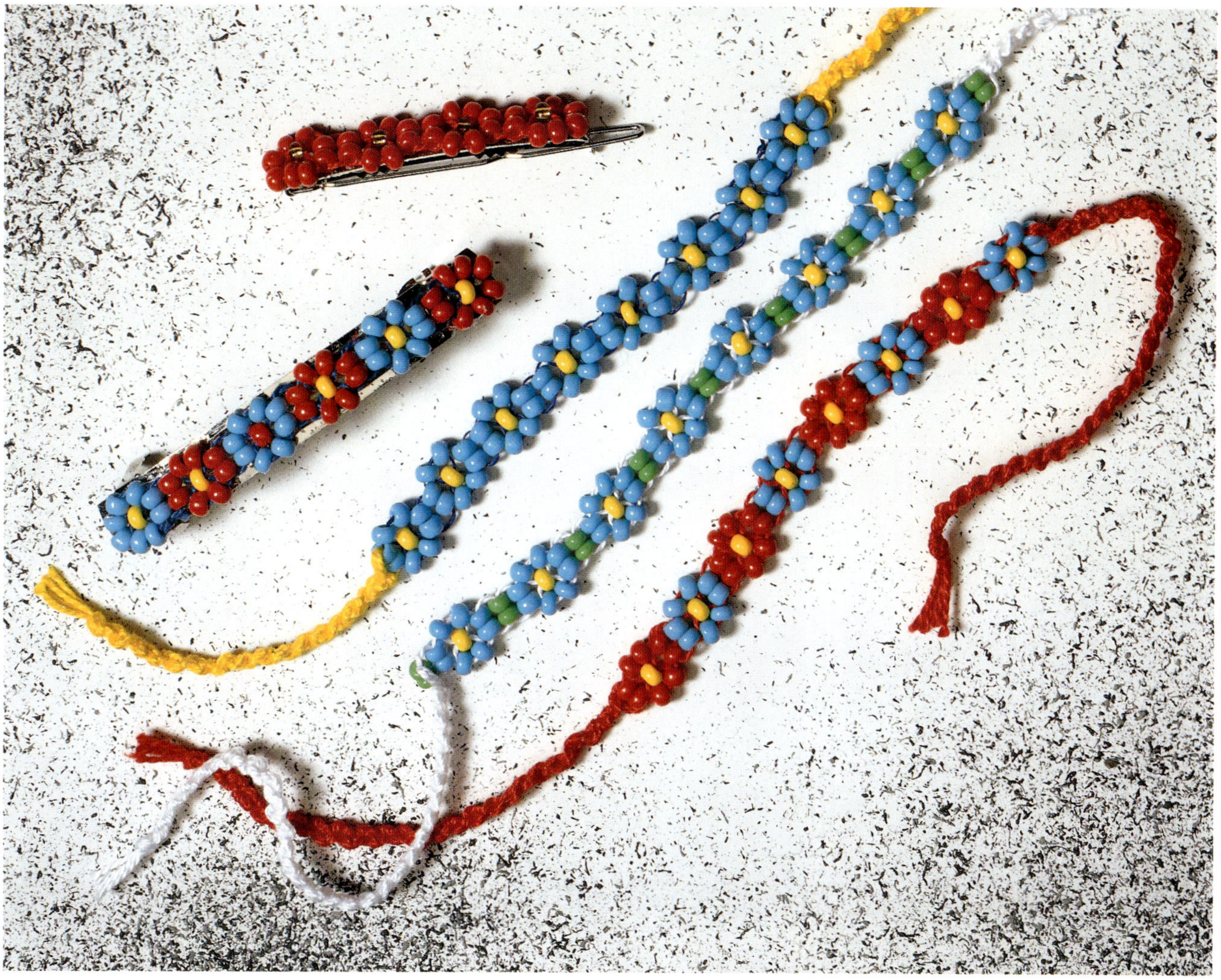

Freundschaftsbänder und Haarspangen

GRUNDTECHNIK C

Material

- Indianerperlen, blau, gelb, grün und rot, 4 mm Ø
- Perlgarn
- 2 Perlennadeln (mit schmalem Nadelöhr)
- Haarspangen-Rohlinge

Ausführung

Als ein Beispiel für die Blütenbänder sei hier das blau-gelbe Band beschrieben. Einen Perlgarnfaden an beiden Enden in je 1 Nadel einfädeln. 2 blaue Perlen auffädeln und zur Mitte des Fadens ziehen. Bei dieser Technik ist es ratsam, auf einer Unterlage zu arbeiten: Stecken Sie also die beiden Perlen mit Stecknadeln auf einem Kissen fest. Auf die rechte Nadel 2 blaue

Perlen und 1 gelbe Perle fädeln und durch die beiden blauen Perlen von oben nach unten zurückstechen, festziehen. Nun auf die linke Nadel 2 blaue Perlen ziehen, von unten nach oben durch die gelbe Perle (die Mitte der Blume) stechen und von oben nach unten den Faden wieder durch die 2 blauen Perlen ziehen. Festziehen und zusammenschieben. Die Blume mit 2 blauen Perlen schließen, d.h. wieder 2 blaue Perlen auf eine Nadel fädeln und mit der anderen Nadel im Gegenzug durchstechen.

Das klingt kompliziert, ist es aber nicht, wenn man die Zeichnung auf Seite 10 betrachtet. Jede Blüte besteht aus 8 gleichfarbigen Perlen und einer gelben Perle als Blütenmitte.
Die nächste Blüte kann entweder gleich anschließen mit 2 blauen Perlen auf gekreuztem Faden oder Sie können 2 grüne Perlen auf gekreuztem Faden dazwischenlegen.

Nach Fertigstellung des Blütenbandes zieht man durch die Abschlußperlen an beiden Seiten je 2 Perlgarnfäden und knüpft oder flechtet die Haltebändchen. Enden verknoten. Auf die Haarspangen werden die Blütenbänder aufgeklebt.

Holzperlen-Sterne

Material

- Holzperlen, rot, 4 mm, 6 mm und 8 mm Ø
- Holzperlen, weiß, 8 mm Ø
- Perlonfaden, 0,35 mm Ø
- Nadeln

Ausführung

Als ein Beispiel sei hier der rot-weiße Stern (im Foto 2. von rechts) beschrieben.

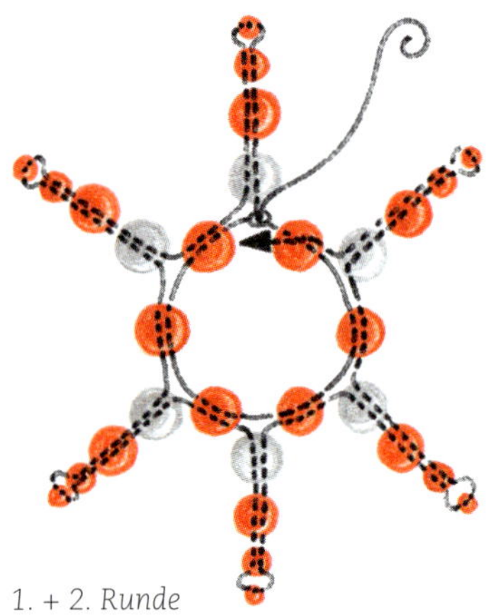

1. + 2. Runde

1. Runde: Auf einen ca. 2 m langen Perlonfaden 6 große rote Perlen (8 mm Ø) auffädeln und einen Ring bilden; die Fäden 3 – 4 x verknoten. Der Anfangsfaden sollte ca. 15 cm lang hängen bleiben (= späterer Aufhänger).

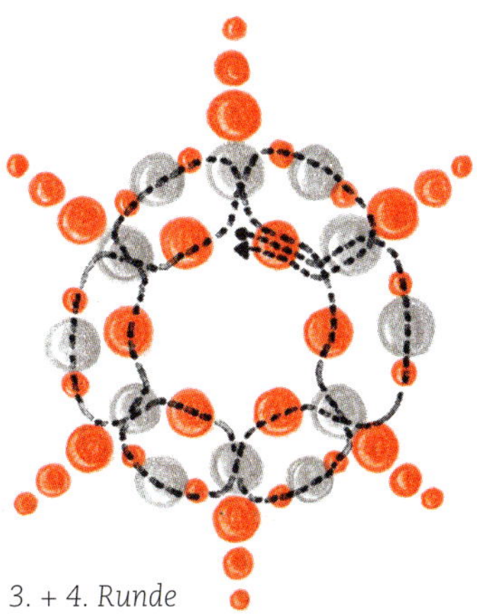

3. + 4. Runde

2. Runde: Auf den langen Faden 1 große weiße, 1 große rote, 1 mittlere rote und 1 kleine rote Perle auffädeln und durch die ersten 3 Perlen zurückstechen. Die kleine rote Perle ist also eine Wendeperle. Es entsteht eine Sternenspitze. Nun sticht man innerhalb des inneren Perlenrings eine Perle weiter zum nächsten Zwischenraum und fertigt die nächste Sternenspitze. Insgesamt 6 x ausführen.

3. Runde: Nach der 6. Spitze innerhalb des inneren Perlenrings 2 Perlen weiterstechen und innerhalb der nächsten Sternenspitze 1 Perle nach oben. 1 kleine rote, 1 große weiße und 1 kleine rote Perle auffädeln und innerhalb der 2. Sternenspitze durch die 1. Perle nach unten stechen. Dann im Mittelring wieder 1 Perle weiter, in der 3. Sternenspitze 1 Perle nach oben, Perlen wie oben auffädeln und durch die 1. Perle der 4. Sternenspitze zurück zum Mittelring stechen. Noch einmal wiederholen. Man arbeitet in dieser Runde also die Verbindungsperlen zwischen den Sternenspitzen in 3 Zwischenräumen.

4. Runde: Nach Beendigung der 3. Runde sticht man innerhalb des Mittelrings 2 Perlen weiter und füllt in gleicher Technik wie in der 3. Runde die restlichen Zwischenräume mit Verbindungsperlen.

Zum Schluß beide Fäden durch einige Perlen verstechen. Beide Fadenenden durch eine Sternenspitze fädeln und zum Aufhänger verknoten.

Bezugsquellen

Perlen und Bastelzubehör:
Rayher Hobby GmbH
Postfach 14 62
88464 Laupheim

Blumenstiele:
MTG
Moda Trading GmbH
Römerring 34
76768 Berg / Pfalz

Hama-Perlen:
Hama-DAN-Import
Grevenmarschstr. 14
32636 Lemgo

Mein Dank gilt diesen Firmen, die mir freundlicherweise das benötigte Material zur Verfügung gestellt haben.

Die Deutsche Bibliothek – CIP-Einheitsaufnahme

Zauberhafte Perlenspielereien : Blumen, Schmuck, kleine Geschenke / Brigitte Kirschning. –
Augsburg : Augustus-Verl., 1999
ISBN 3-8043-0641-1

Fotografie: Klaus Lipa, Augsburg
Lektorat: Margit Bogner
Umschlaggestaltung: Petra Pawletko, Augsburg, unter Verwendung einer Reihengestaltung von Christa Manner, München

Layout: Anton Walter, Gundelfingen

Augustus Verlag Augsburg 1999

Satz: Gesetzt aus 10 Punkt Caecilia Light von DTP-Design Walter, Gundelfingen
Reproduktion: GAV PrePress, Gerstetten
Druck und Bindung: Appl, Wemding

Gedruckt auf 115 g/m² umweltfreundlich chlorfrei oder elementar chlorfrei gebleichtem Papier.

ISBN 3-8043-0641-1
Printed in Germany